食べもの通信 ブックレット①

小麦で起きる現代病

"パン好きな人"気をつけて！

元順天堂大学教授
[監修]白澤卓二／家庭栄養研究会[編]

アレルギー、糖尿病、
肥満症、がん、認知症、
うつなどの原因？

食べもの通信社

読者のみなさまへ

今、アメリカでは、小麦を使用しない食品「グルテンフリー食品」が注目されています。スーパーの食品売り場やレストランでも、グルテンフリー対応が進んでいます(7ページ参照)。

小麦はアレルギーを起こすほか、血糖値を急上昇させて、肥満や糖尿病、アレルギー、がん、うつ、関節痛など、さまざまな病気の原因になっていることがわかってきたからです。しかも、パンは依存症を起こしやすいことが指摘されています。

テニスの世界王者 ノバク・ジョコビッチ選手も、グルテンと乳製品をやめてから驚くほど絶好調になり、その体験をまとめた著書が注目されています。米国食品医薬局も、「グルテンフリー食品」がアレルギー疾患や糖尿病などの症状の改善に効果があるとしています。

小麦はなぜ、さまざまな症状をもたらすのでしょうか。その背景として、小麦の行き過ぎた品種改良などが指摘されているのです。

一方、日本人のパンの購入額は、最近はお米を上回り、小麦の87%をアメリカなどからの輸入に頼っています。日本でも小麦アレルギーが増えています。

小麦の健康影響について、日本でいち早く警告した医師は、日本ファンクショナルダイエット協会理事長(元順天堂大学教授)の白澤卓二氏です。白澤氏が訳された『小麦は食べるな！』（Dr.ウイリアム・デイビス著、日本文芸社、2013年）は、世界で130万部を突破しています。しかし、日本のマスメディアでは、小麦業界やパン業界の圧力があるのか、この問題は取り上げられていないため、まだまだ知られていません。

私たちが編集する月刊『食べもの通信』では、小麦の健康への影響について、白澤教授に取材。2014年12月号で特集して、大きな反響を呼びました。

パンやパスタなどを中心にした洋風の食事は、脂肪や肉類、乳製品が多く、がんなどの生活習慣病の素地を作ることが指摘されています。私たちは、日本の食糧自給率を高め、健康を守る食事は、お米を中心にした和食が望ましいと、長年提唱してきましたが、それが裏付けられたことになります。

本ブックレットは、月刊『食べもの通信』の小麦特集に加筆し、腸管への影響を報告した連載記事を再編集して、小麦がもたらす危険な影響を警告しています。毎日食べる小麦がどのように心身に影響するのか、皆様の体験やご感想をぜひお寄せいただければ幸いです。

家庭栄養研究会

もくじ

●装幀＝六月舎＋守谷義明／●イラスト＝チブカマミ／●組版・デザイン・イラスト＝Shima.

1

ニューヨークからの報告

健康志向で「グルテンフリー」スーパーやレストランにも普及

食養料理教室「幸食」主宰
ディロルフ幸子

プロフィール｜ディロルフ幸子（さちこ）：1957年東京生まれ。上野学園大学ピアノ科卒。ニューヨークダルクローズ音楽学校卒。ピアノ・リトミック教師。ニューヨーク州、マンハッタンにてピアノ教室「幸音」、食養料理教室「幸食」主宰。一男一女の母。動物、植物、昆虫大好きなエコロジスト。

輸入小麦の怖さは、今からもう29年も前、日本の生活協同組合のビデオを見て知りました。それは、船で3カ月かけて運んできても、カビも生えなければ虫もわかない、ポストハーベスト（殺虫剤）処理をした小麦のショッキングな映像でした。

ところが昨年、アメリカの著名な循環器専門医のウイリアム・デイビス著『小麦は食べるな！』（12ページ参照）を読み、再び大きな衝撃を受けました。

私は、2003年にニューヨークに引っ越して、こちらでは普通の小麦粉に、コスト削減のため、遺伝子組み換えのジャガイモでんぷんが混ぜられていることを知りました。そのため、「有機」と表示がある小麦粉を使っていたのですが、その小麦粉自体がすでにさまざまな病気の原因であったとは……。

そこで、あらためてマンハッタンの街を見回してみると、至る所で「グルテン＊1フリー食品」が売られ、米を食べるアメリカ人が増えていることに気づかされました。

小麦に含まれるグルテンでセリアック病が増加

アメリカでは小麦は、卵・ピーナッツとともに「8大アレルゲン」の一つで、ウィートフリー（小麦除去）食品も、ほかのアレルゲン除去食品とともに、以前から販売されていました。

ところがここ数年、ウィートフリーが進化するような形でグルテンフリーが広まり、スーパーに並ぶ食品やレストランのメニューにも、「グルテンフリー」の文字が目立ち始めました。

これらの背景には、グルテンに免疫が過剰反応を起こすアレルギー疾患「セリアック病」*2の増加があります。

また、健康志向の強い人たちが、セレブ（裕福な人）などの影響を受け、ダイエットのためにグルテンの多い食品を避け、アレルギーではないが、グルテンフリー食を実践し始めたことも影響しています。

アメリカでのセリアック病患者数は300万人と言われており、13年8月2日、米国食品医薬品局（FDA）は「セリアック病の症状悪化を防ぐには、グルテンフリーの食生活が必要」として、新たな食品表示規制「グルテンフリー」（含有量20ppm未満）を食品業者に要請しました。

*1　小麦やライ麦などに含まれるたんぱく質の一種。パンや焼き菓子がふくらむのはグルテンの性質による。
*2　自己免疫疾患。腹痛、腹部膨満、鉄欠乏性貧血などの症状がある。

同時に、グルテンフリー食は自閉症や1型糖尿病、ADD（注意欠陥障害）／ADHD（注意欠陥多動性障害）、うつ病，各種腸疾患やアレルギーの症状緩和にも有用であると言われています。

グルテンに過敏反応2千万人　グルテンフリー市場は急伸

現在、アメリカでは、1種類の食品にアレルギー反応を起こす人が少なくとも1200万人いると言われており、グルテンによるセリアック病のような深刻な状態

スーパーの棚にたくさん並ぶグルテンフリー（米粉、コーンの粉、大豆粉、ソバ粉など）食品

亜麻仁の種の粉など製品の一つずつに、グルテンフリーのラベルがついている

ではないにしても、グルテンに過敏に反応する人は、２０００万人を超えると言われています。

そのため、グルテンフリー食品市場は不況知らずで、急激に伸びており、自然食品スーパー「ホールフーズ」によると、グルテンフリー食品の12年の売り上げは42億ドルで、17年には60億ドルに達するものと推定されています。

アメリカの米の消費量は1人当たり3倍近い伸び

このような世相のなか、アメリカでは1人当たりの米の消費量の増大が非常に顕著です。日本では、11年に1世帯当たりの米の購入額がパンに追い越されたことが、総務省の家計調査でわかりました。一方、アメリカでは、過去40年間における1人当たりの米の消費量は3倍近い伸びであり、この10年間においても20％の伸びを示しています。

アメリカでは、西洋型の不健康な食生活の反省から、近年、空前の寿司・日本食ブームが起きており、寿司は、フレンチの巨匠デイビット・ブーレーの店のようなマンハッタンの高級レストランから、小規模の地方都市のスーパーの折り詰めにまで広がっています。

人種のるつぼと言われるニューヨークでは、今、ランチタイムともなれば、日本人が経営するレストランはどこも満員。予約をとるのも難しく、日系スーパーの弁当売り場は、押し合いへし合いの大混雑。回転寿司から一汁三菜の和朝食レストラン、おむすびカフェまでもが出現し、皆、上手に箸を使って米を食べています。

パンより米、肉より魚、コーヒーより緑茶、ビールより日本酒。近年のニューヨーカーは、健康志向で、日本人より日本的かもしれません。

コラム

国際線機内でも提供、グルテンフリークッキー

東南アジアの淡水湿地帯で育つサゴヤシの幹から抽出したでんぷん粉は、サクサク粉と呼ばれ、パプアニューギニア原住民の食用となっています。日本では、小麦アレルギーの人のご飯や麺料理、天ぷらの衣、お菓子、プリンなどさまざまな形で提供されています。

日本航空国際線機内食でも、小麦アレルギー対応食として、サクサククッキーが提供されています。サクサク粉とサツマイモパウダー（国産）、てんさい糖を使用したクッキーです。サクサク粉は、サクッとした口あたりに仕上げるのに適しています。クッキーは市販されており、鉄分やカルシウムも豊富なので、育ち盛りのお子様のおやつとしても喜ばれています。アレルギー専門店などで入手できます。

（そよ風クリニック 管理栄養士　乳井《にゅうい》美和子）

アメリカで急増する

肥満症、免疫力低下、依存症 誘発の原因は〝改良〟小麦

日本ファンクショナルダイエット協会理事長

白澤卓二氏に聞く

プロフィール｜白澤卓二（しらさわ たくじ）：千葉大学医学部卒業、同大学大学院研究科修了。医学博士。2015年9月まで順天堂大学大学院医学研究科・加齢制御医学講座教授。専門は、寿命制御遺伝子の分子遺伝学、アルツハイマー病の分子生物学など。主な著書に『100歳までボケない101の方法』（文春新書）などがある。

今、米国やカナダでは、医学会をはじめ市民レベルでも、小麦の健康影響について関心が高まっています。しかし、日本ではこの問題がほとんど知られていません。

そこで、全米とカナダで130万部のベストセラーになったウイリアム・デイビス博士の著書『小麦は食べるな！』（写真）を2013年7月に翻訳・紹介した白澤卓二教授に、小麦と健康との関係について伺いました。

（日本文芸社刊）

――この本を日本に紹介したいと思われたのは？

白澤　きっかけは、米国の「機能性医学学会」での、著者との出会いです。米国で問題になっているセリアック病（たんぱく質のグルテンによって引き起こされる慢性の自

己免疫疾患）や、小麦に起きている変化と健康との関連を、どうしても日本に知らせる必要があると思いました。

現在、日本で消費されている小麦の約9割が輸入小麦で、その6割は米国産です。しかし、日本ではスポンサーへの配慮から、マスコミがこの問題を取り上げる可能性は期待できません。

図❶ 品種改良されたアメリカの小麦（パンコムギ）

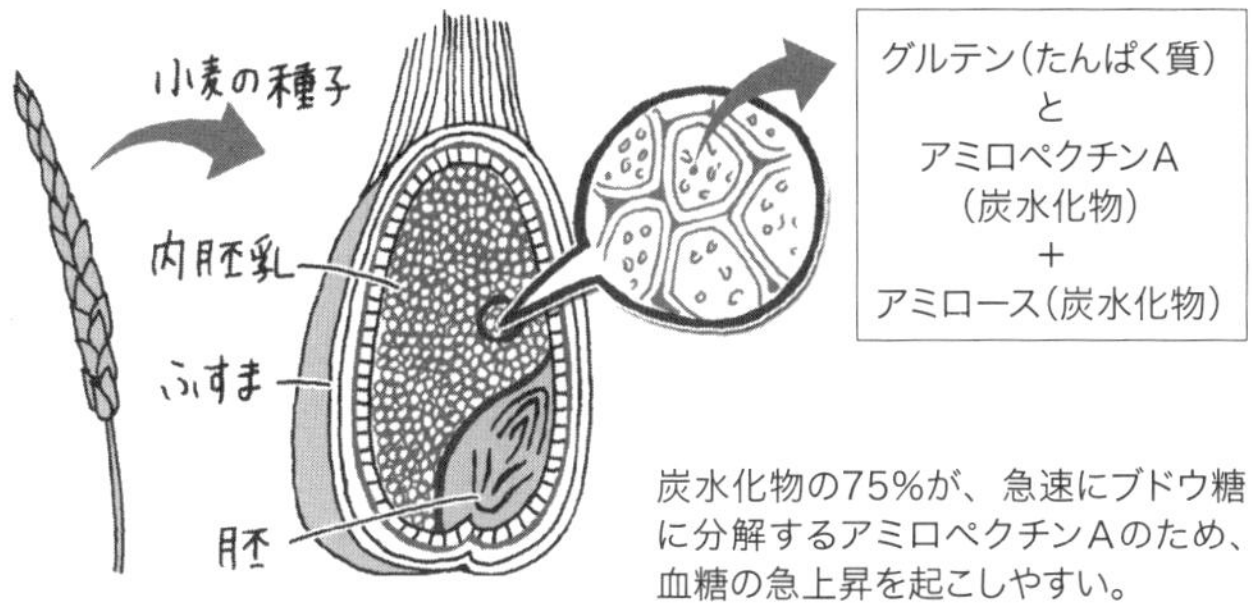

炭水化物の75%が、急速にブドウ糖に分解するアミロペクチンAのため、血糖の急上昇を起こしやすい。

死につながる小麦の「スーパー糖質」

――なぜ、普通に食べられている小麦が、健康を脅かすようになったのですか？

白澤　米国では今、極端な肥満症が増加しています。その背景に小麦製品の過剰摂取があります。小麦製品の摂取で起こる急激な血糖値の上昇と、それによって引き起こされる糖尿病、小麦に対する依存症（中毒）の問題があります。

また、小麦（図❶）に含まれるたんぱく質「グルテン」に対するアレルギーが、年ねん増加しています。進行すると、セリアック病と言われる状態になり、最新の調査報告では、米国人口の7％にものぼっています。

その原因は「品種改良された小麦」です。現在、生産されている小麦は、古来品種に対して交配に交配を重ね、異種交配して獲得された品種で、かつて食べていた小麦品種とは似て非なる品種に変化しているのです。

――なぜ、急激な血糖値の上昇が起きるのですか？

白澤　小麦に含まれるでんぷん質「アミロペクチンA」は、ほかの食品に含まれるでんぷんより効率よく消化されて、急速にブドウ糖に分解されます。ブドウ糖は血液中に入り、血糖値を上昇させる効果が大きいという特性があります。

ブドウ糖だけが連結した「アミロペクチンA」は、摂取して1～2分から5分以内に血糖を上昇させます。上昇率はショ糖（砂糖）と変わりないか、それ以上になると考えられ、「スーパー糖質」と呼ばれています。

インスリン分泌上昇の影響　糖尿病、心臓病、がんへ

――血糖値の急上昇が体に与える影響は？

白澤　このスーパー糖質による血糖値の急上昇は、インスリンの分泌を急上昇させるため、今度は血糖値の急低下を起こします。そのため、朝食にパンを食べると、2時間

「ぽっこり小麦腹」にご用心

後には血糖値が低下して、空腹に襲われるだけでなく、頭にモヤがかかるような気分になったり、倦怠《けんたい》感、震えなどの症状が出ます。

そしてまた、パンが無性に食べたくなります。小麦が事実上の食欲増進剤になるのです。

インスリンは、血液中に急上昇したブドウ糖を脂肪に変えて、体の細胞に取り込むことで血糖値を下げています。その結果、体脂肪が増え、肝臓、腎臓、すい臓、大腸や小腸にまで内臓脂肪が蓄積し、「ぽっこり小麦腹」になります。

腸の不調は小麦が原因　症状多いセリアック病

――内臓脂肪が溜まると、どうなりますか?

白澤　腹部などに多量に蓄積した皮下脂肪は、インスリンに対する反応を低下させ、糖尿病を起こします。さらに、皮下脂肪と体内脂肪である体脂肪は、炎症を起こす物質を分泌します。

また、内臓脂肪が増えるにつれて、高血圧、認知症、リウマチ性関節炎、結腸がんなどが誘発されます。「小麦腹」の脂肪は、甲状腺やすい臓によく似た巨大な内分泌腺です。しかも、健康を損なう独自の働き方をします。「小麦腹」は見た目の問題だけでなく、恐ろしく体に悪いのです。

たんぱく過剰や遺伝素因で未消化のグルテンに反応

――グルテンとセリアック病の関係を教えてください。

白澤　小麦粉に水を加えてこねて、しばらく寝かせ、流水で洗い流すとやわらかい粘土のような、数種のたんぱく質からできたグルテンが残ります。このグルテンが、パンやケーキのもちもち感や、ふっくら感を出します。

小麦のたんぱく質はわずか10〜15%ですが、その80%がグルテンです。グルテン中の糖たんぱく質「グリアジン」は、小腸に炎症を起こして、腹痛や下痢の原因になるなど、セリアック病患者に激しい免疫反応を引き起こすと言われています。

しかし、セリアック病は腸症状のほかにも、倦怠感や偏頭痛など独特な症状があるため、正しい診断が下るまでに数年もかかる例も少なくありません。そのため、栄養吸収力の低下で、深刻な栄養失調になるケースもあります。とくに、子どもの患者は発

表❶ セリアック病患者に見られる症状

乳児や小児	腹痛や腹部膨満感、便秘、下痢、体重減少、嘔吐
成人	患者の半数は、診断時に下痢症状はない。 消化器系の症状だけでなく、貧血や関節炎、骨粗しょう症、うつ、慢性疲労症候群、不妊症、関節痛、けいれん、手足の感覚低下

育不全になる場合が多くあります。

セリアック病は現在、血液検査による診断法が採用されて、新たに診断された患者は、肥満の人が多くなっているのが特徴です。

免疫機能を破壊するリーキーガットとは

――小麦を食べると、だれでもセリアック病になりますか?

白澤　セリアック病の原因がグルテンにあることは、20年ほど前に明らかになりました。さらに、グルテンを食べることだけが原因ではなく、遺伝的素因や消化管粘膜の構造異常という複数の要素が原因とされています。

セリアック病でない人は、グルテンを食べても消化管に異常な反応はまったく起きません。正常な免疫系は、体内に相当量のたんぱくが入り込んだときだけ反応します。

さらに、健康な人が1日3回もたんぱくを含む食事をしても異常反応が生じないのは、腸管に届くまでにたんぱく質が消化され、アミノ酸のレベルまで分解されているからです。

また、小麦のグルテンが消化されても、その一部がアミノ酸のレベルまで分解されず、「ペプチド」という小さなたんぱく質のまま小腸に達したとしても、正常な人の場合、ペプチドが小腸を素通りし、免疫細胞に気づかれないまま便となって排泄されます。

しかし、セリアック病患者は、遺伝的な体質としてグルテンペプチドに対して過敏に反応してしまいます。

グルテンには強い依存性がある

――セリアック病の場合、なぜ過敏反応するのですか？

白澤　メリーランド大学（米国）のファサーノ博士らの研究で、セリアック病は、消化管である小腸粘膜から粘膜の中への物質の通過性が増す現象（リーキーガット）が起きることを突き止めました。

小腸は単なるパイプではなく、内壁を覆《おお》う粘膜の上皮細胞は、細胞同士が「タイトジャンクション」という構造で互いに密着しています。そして、「ゾヌリン」というたんぱく質の働きで、このジャンクションは緩み、ゾヌリンの濃度の異常な高さが原因で、小腸粘膜の物質透過性が高まる現象（リーキーガット）が起きると考えられています（図❷❸）。

セリアック病では、グルテンが腸粘膜内に潜り込み、遺伝的に活性化されやすい免疫細胞が過剰に働き、ゾヌリンを過剰に分泌することで、ジャンクションが緩みます。そのため、未消化なたんぱく質が体内に侵入してしまいます。

未消化なたんぱく質に対する免疫細胞の反応によって、サイトカインやインターロイキンといった物質が多量に分泌されます。これらは、病原体などの侵入に対して働く防御物質ですが、セリアック病の場合、自分の小腸粘膜を破壊してしまいます。

――小麦に対する依存性について教えてください。

白澤　パンや小麦製品がやめられないのは、意志が弱いからだけでなく、グルテンに麻薬のような強い中毒性があることも原因になっています。このことは過去に調査・

図❷ 正常な人の小腸粘膜での吸収のしくみ

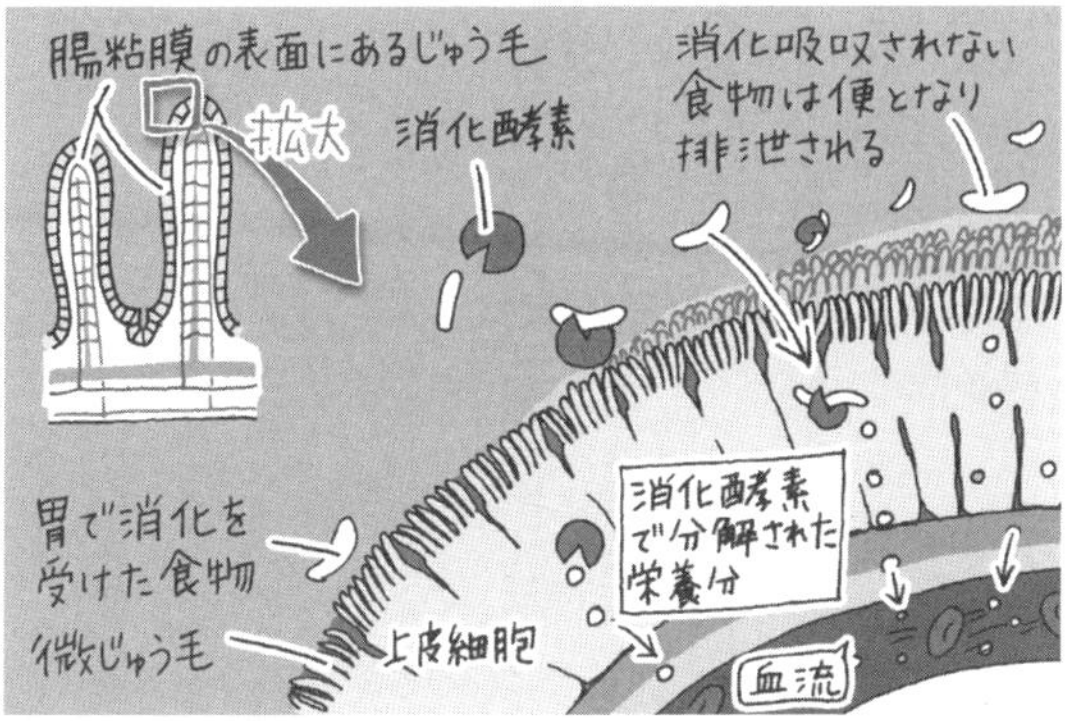

図❸ リーキーガット患者の小腸粘膜での吸収のしくみ

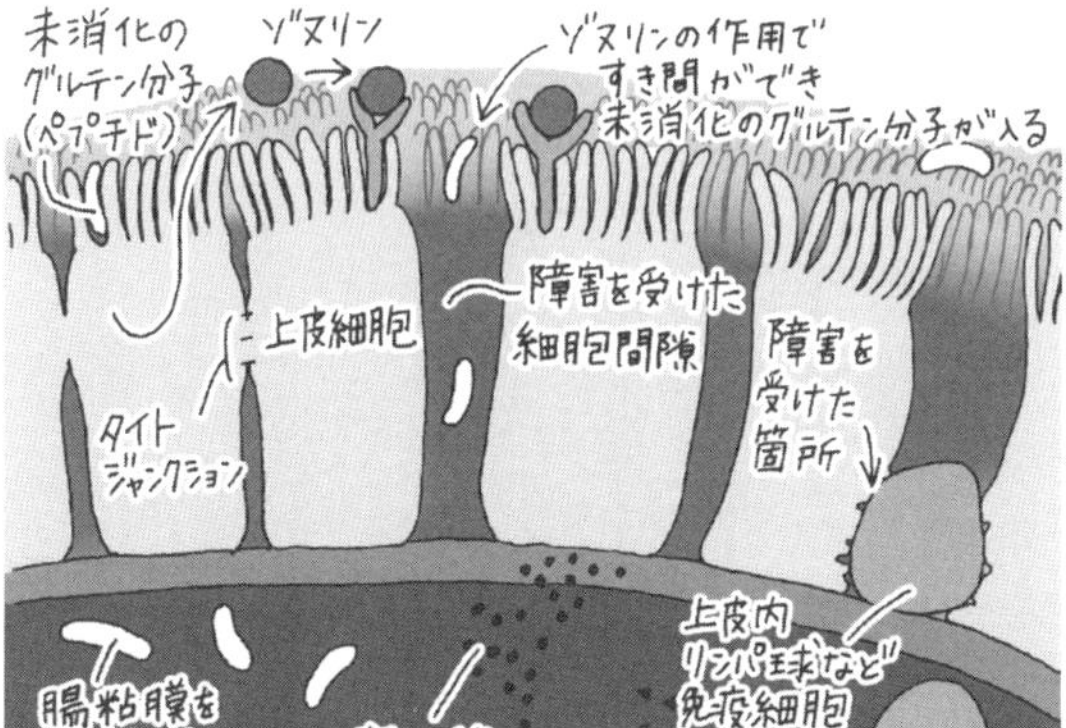

粘膜に隙間ができて、未消化のペプチドがすり抜ける

図❹ セリアック病で損傷される小腸粘膜

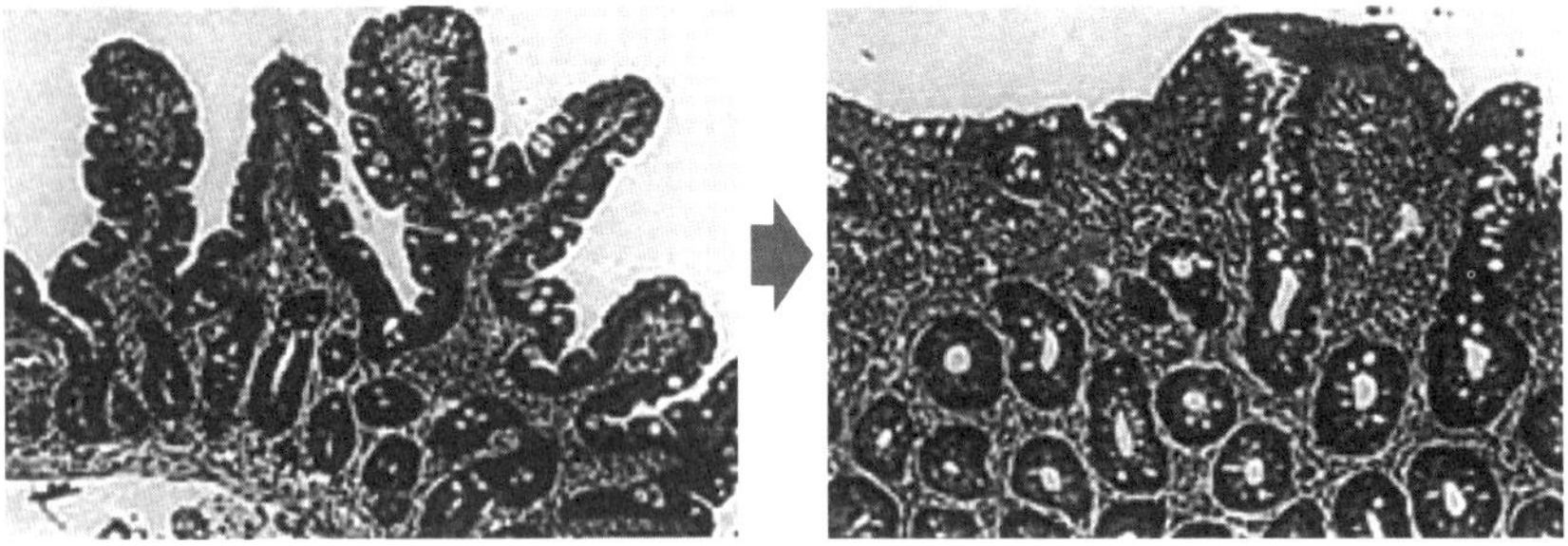

健康な人の小腸粘膜のじゅう毛　　セリアック病患者の破壊された小腸粘膜

研究＊され、わかっています。

＊「統合失調症」の患者の食事から小麦を抜くことで、幻聴や妄想、自閉の症状が減り、食事を戻すとたちまち元に戻ったという、フィラデルフィアのドーハン博士らの研究がある。イギリスのシェフィールド大学の精神科医らによっても裏づけられている。

米国立衛生研究所のクリスティン・ジオドロ博士らは、小麦のグルテンを胃液の酵素と胃酸で分解させ、ポリペプチド混合物（消化途中の成分）にして実験用ラットに投与しました。すると、この小麦ポリペプチドは、血液と脳を隔てる血液脳関門というバリアを通過する特殊な性質をもつことがわかりました。

脳に入り込んだ小麦ポリペプチドは、脳のモルヒネ受容体と結びつきます。これは「グルテン由来のモルヒネ様化合物」（エクソルフィン）と名づけられました。正常な人の脳にも明らかに、「グルテン由来のモルヒネ様化合物」は入りこんでいるのです。

まだ議論の余地はあるものの、注意欠陥多動性障害（ＡＤＨＤ）の成人や子どもたちも、かなりの確率で小麦除去によって改善の効果が得られる可能性があります。

小麦をやめて、脳へのさまざまな影響を減らせば、不必要な薬剤をやめることができるかもしれません。

――予防のためのアドバイスをお願いします。

白澤　小麦による健康への悪影響を防ぐためには、アレルギー体質の人は、妊娠中から小麦の摂取に配慮し、子どもは消化液や腸粘膜などの消化力がしっかり育つ学齢期くらいまで、小麦製品の摂取を控えることが大事です。そして何より、小麦好きの子どもに育てないことです。

コラム

認知機能にも影響　小麦ポリペプチド

オーストラリアのモナッシュ大学消化器病学のイェーランド博士らの研究グループは、セリアック病患者に「脳の霧」と呼ばれる症状がしばしば観察されることに注目しました。この「脳の霧」と呼ばれる症状は、集中力が散漫になったり、短期記憶が不正確になったり、ときにことばが出てこなかったりする、軽度認知機能障害と考えられます。

博士らは、11人のセリアック病患者にグルテンフリー食を指導し、12週後と、1年後に言語流ちょう度、注意力、運動機能、認知テストなどの認知機能検査を行いました。その結果、セリアック病の腸病変が改善している患者は同時に認知機能も改善していることが判明。

グルテンが認知機能に障害を及ぼす仕組みはまだ明らかにされていませんが、グルテンに含まれるエクソルフィンというペプチドが脳のモルヒネ受容体に結合することが動物実験で示されており、脳に霧がかかる原因が追究されています。

慢性病を起こす

3 リーキーガットを促進する小麦・植物油脂・加工食品

脳神経外科専門医、医学博士、パレオ協会代表理事
崎谷博征

プロフィール｜崎谷博征（さきたに ひろゆき）：脳神経外科専門医、がん研究で博士号取得。パレオ協会代表理事。国立大阪南病院などを経て、がん・難病の根本治療指導に従事。米国の最先端医学・栄養学の「精神神経免疫学」「パレオダイエット」を研究。著書『ガンの80％は予防できる』（三五館）ほか。

私は臨床医として現代医療に携《たずさ》わって20年になります。この数年間でも、医療界の技術は著しく発達してきました。しかし、がん、自己免疫疾患、認知症などのいわゆる「慢性病」は、増加の一途をたどっています。

なぜ医療が発達しているのに、慢性病は増加しているのでしょうか。その答えの一つが「リーキーガット（腸の透過性亢進《とうかせいこうしん》）症候群」です。欧米の文献では以前から、全身の慢性炎症と「リーキーガット」との関連が指摘されています。

ちなみにリーキーは「血液中にあふれる」の意、ガットは「腸」です。

全身の血液中を駆け巡る炎症性物質

米・メリーランド州にあるセリアック病＊研究センターのA・ファサーノ教授は、自己免疫疾患などの慢性炎症の原因に、「環境因子、遺伝的体質、リーキーガット」の三

＊セリアック病：グルテンに免疫が過剰反応を起こすアレルギー疾患

つを挙げています。教授は数多くの研究によって、慢性炎症のきっかけは「リーキーガット」であることを、示してきました。

腸粘膜にはバリアがあり、簡単に異物が通り抜けることはできません。しかし、一度腸のバリアが破られると、バクテリア、ウイルスなど、腸の粘膜表面にある抗原（免疫反応を起こすたんぱく質異物）が血液中に入ってしまいます。これを内毒素血症といいます。

内毒素血症があると、炎症性物質が血液中を駆け巡るために、全身に慢性炎症が起こります。この慢性炎症は動脈硬化やインシュリン抵抗性など、さまざまな慢性病をもたらします。

とくに、食物の場合はたんぱく質も消化を免《まぬが》れて、腸に開いた穴から血液に入り、抗原として認識されて慢性炎症を引き起こします。

グルテンが引き起こす多種の慢性炎症

グルテン（小麦、大麦、ライ麦に含まれるたんぱく質）は、関節リウマチ、多発性硬化症、シェーグレン症候群、ＳＬＥ、逆流性食道炎、ぜん息、慢性甲状腺炎、炎症性腸炎、口内炎、自閉症、多動症、うつ病、統合失調症、認知症、慢性肝炎、片頭痛、糖尿病などの慢性病を引き起こす原因物質として特定されています。

また健康な人でも、リーキーガットの度合が高まるほど、内臓脂肪、肝臓脂肪の蓄積が大きく、肥満傾向になることが報告されています。

リーキーガットが作る抗体が自分の組織を攻撃

白血球は、体に入ってきた異物（抗原）に対して抗体を作りますが、腸の粘膜の間から流入する未消化たんぱく質も抗原とみなして抗体を作ってしまいます。この現象を分子擬態と呼びます。

この未消化のたんぱく質が人体の組織と似ているので、抗体は私たちの組織も攻撃してしまうのです。つまり、白血球は「内なる敵」を攻撃することになるのです。

このように敵だけでなく、味方をも「誤爆」してしまうことを、「交差反応」といいます（図❶）。

一度「交差反応」が起こると、感染や食事による摂取が過ぎ去ったあとも、延々と自分の組織を攻撃してしまうため、慢性炎症の原因となるのです。

「分子擬態」で有名な疾患に「リウマチ熱」があり、「交差反応」から慢性的な心筋炎が起こります。リウマチ熱は慢性炎症によって、心臓の筋肉にある血液を駆動調整する弁に異常が出るのです。ひどい場合には外科的手術（弁置換術）を必要とすることもあります。

図❶ 小麦たんぱく・ミルクたんぱくは「リーキーガット」を促進

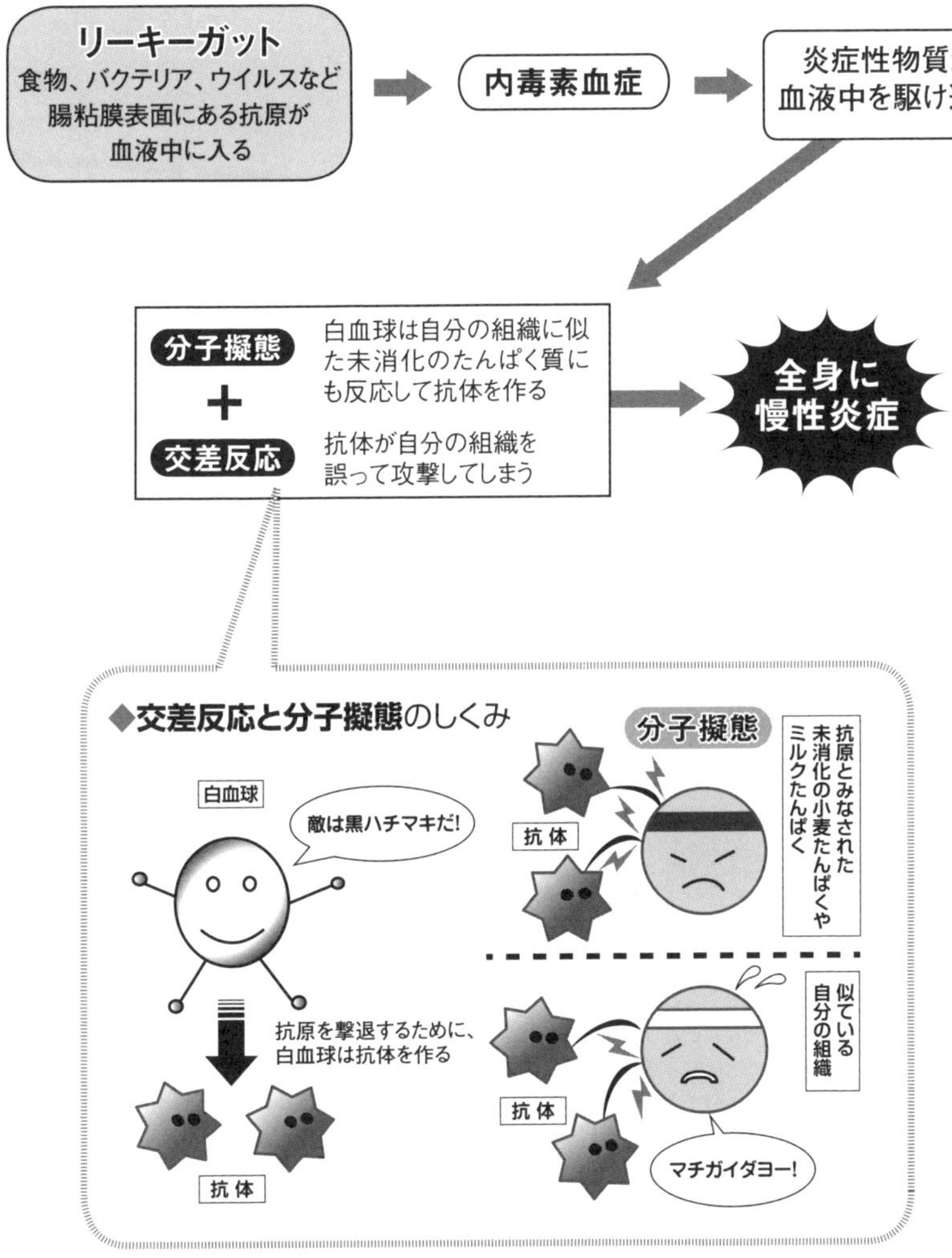

「分子擬態」によって、関節リウマチ、多発性硬化症、エイズ脳症、糖尿病、強直性脊椎炎、重症筋無力症など、数多くの慢性炎症疾患が起こります。

パン食などの洋風の食事は慢性炎症を起こす

近年の膨大な研究結果から、でんぷん質の炭水化物、小麦類、植物油を使った加工食品(ソーセージ、菓子類)などの西洋食は、腸内微生物や未消化たんぱく質の腸からの吸収を促進し、白血球内の受容体を活性化することで慢性炎症を起こすことが、報告されるようになってきました。

いずれにせよ、慢性炎症の元となる抗原の侵入経路は圧倒的に腸にあるので、リーキーガットを防ぐことが慢性病の根本治療になるのです。

コラム

テニス界の世界王者 ジョコビッチ選手 グルテンフリーの体験がベストセラー

2015年7月、ウィンブルドンで優勝し、世界ランキング1位のノバク・ジョコビッチ選手（セルビア出身）。じつは、2010年、全豪オープンの準々決勝では体調不良により、完敗しています。その様子を地球の反対側でテレビで見ていた栄養学者・セトジェヴィッチ博士は、小麦と乳製品を完全に除去するよう診断を下し、食事の改善を指導します。

体調不良の原因であった小麦と乳製品、そして糖分の多い食事から決別。すると、それまで体が重く、ぜん息に苦しみ、脳に霧がかかったような状態になっていたジョコビッチ選手は、体と脳・思考のすべてがクリアになったのです。体のキレが良くなり、柔軟性と集中力が増し、かつてないほど活力がみなぎるようになりました。ぜんそく症状も消え、疲れを感じることもなくなり、世界1位に登りつめました。

その体験をまとめた『ジョコビッチの生まれ変わる食事　あなたの人生を激変させる14日間プログラム』が、日本でもベストセラーになっています。

「正しい食べ物によって、私は人生のあらゆる場面で最高の次元に達することができる」「まずは、食べ物を変えることから始めてみてはどうだろう」と呼びかけ、まず2週間、小麦を食べない食事を提案。野菜を多くし、小麦の代わりに、キノア、玄米、ソバ粉、ライ麦、オーツ麦、アワ、アマランスなどにすれば、心身ともベストな状態になると強調しています。巻末では、本書の執筆者である白澤卓二教授が解説。

●ノバク・ジョコビッチ著／タカ大丸訳

●三五館

4

食物アレルギーは腸に開いた穴が原因

東京医科歯科大学名誉教授
藤田紘一郎

食物アレルギーに悩んでいる人が増えています。現在、乳児の5～10％、幼児で5％、学童期以降では1・5～3％が食物アレルギーをもっています。食物アレルギーをもつ乳幼児は、45万人と推定されています。

ところが、食物アレルギーという病気は、私たちが子どものころにはほとんどありませんでした。昔はなかった病気が、なぜ、現在ではこんなに多く見られるのでしょうか。

リーキーガットによって体中にアレルギー反応

理由はいろいろ考えられますが、いずれにしても腸粘膜に穴が開いた結果です。

通常は、消化されて細かい分子になった栄養素は、腸壁にある絨毛《じゅうもう》から体内に吸収されますが、腸に細かな穴が開くと、普通は吸収されない未消化の高分子物質が、そのまま体内に吸収されます。この状態を「リーキーガット症候群（腸管壁浸漏《しんじゅん》症候群）」

プロフィール｜藤田紘一郎（ふじた こういちろう）：医学博士。専門は寄生虫学と熱帯医学、感染免疫学。83年に寄生虫体内のアレルゲン発見で小泉賞、00年にヒトＡＴＬウイルス伝染経路などの研究で日本文化振興会社会文化功労賞、国際文化栄誉賞。『アレルギーの9割は腸で治る！』ほか著書多数。

といいます（コラム参照）。

たとえば、牛乳、卵、小麦などに含まれるたんぱく質が消化されず、高分子のまま体内に吸収されると、腸粘膜をはじめ、体中の粘膜組織でアレルギー反応が生じ、食物アレルギーが起こります。

赤ちゃんは身近なちょい悪菌で免疫強化

ではなぜ、最近の乳幼児はリーキーガット症候群になりやすいのでしょうか。原因の一つは、医師などの医療従事者が中心に指導してきた間違った育児法です。

赤ちゃんはお母さんの体の中、つまり無菌状態で10カ月近くを過ごします。そして、生まれるといきなり、雑菌だらけの外界に出てきます。

免疫がほとんどない赤ちゃんが、雑菌だらけの外界で生き延びるためには、急激に免疫を高める必要があります。そのために赤ちゃんは、周囲にいる「ちょい悪菌」を口にして、自分の免疫をなるべく早く高めようとします。

コラム

「リーキーガット症候群」とは、（Leaky=漏れ、Gut=腸）「腸漏れ」と訳されるように、腸壁のバリアとなっている腸内細菌層が薄くなったり、穴が開くと、細菌やウィルスが侵入しやすくなる、あるいは本来侵入しないはずの未消化の栄養分が、体内にすべりこんでしまう状態をいいます。さまざまな慢性病の引き金として、注目されています。

赤ちゃんが何でもなめたがるのは、そのような意味があるのです。

しかし、これまで多くの医療従事者は、「赤ちゃんはバイ菌に弱いから」と、無菌に近い部屋で育てる指導をしたり、指しゃぶりをしないように赤ちゃんに手袋をはめさせたり、お母さんのおっぱいや哺乳びんを消毒させ、おじいさんやおばあさんが赤ちゃんにチューをするのを禁じたのです。

その結果、赤ちゃんは適度な「ちょい悪菌」を口にできないため、免疫を高めることができず、生まれてすぐアトピーやリーキーガット症候群になってしまうのです。

図❶ 食物アレルギーの原因アレルゲン

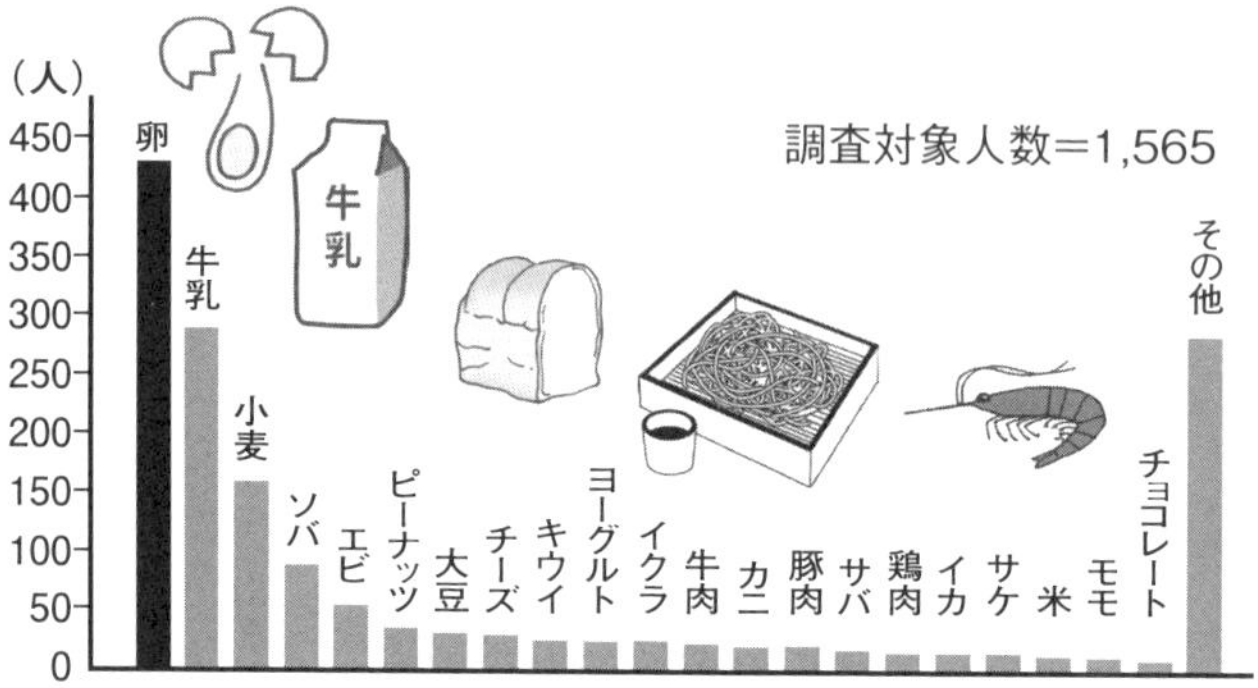

出典：藤田紘一郎『免疫力をアップする科学』(SBクリエイティブ・サイエンスアイ新書)

腸に開いた穴 ふさぐのは腸内細菌

腸内細菌の数の減少も、リーキーガットになる原因です。腸は「消化・吸収」「免疫」「解毒」をはじめ、多くの重要な働きをしています。

私たちの体は、古い細胞が新しい細胞に入

＊人や動物の腸内で一定のバランスを保ちながら共存している多種多様な腸内細菌の集まり。

れ替わる「新陳代謝」によって体の機能を保っており、ハードワークの腸の粘膜細胞は、わずか1日で新旧が入れ替わります。

腸粘膜の新陳代謝には、腸内細菌の助けが不可欠で、腸内細菌が貧弱な状態では支障をきたします。そして、新陳代謝がうまくできないと、腸粘膜に穴が開きます。

食物アレルギーを防ぐ、または克服するには、腸に開いた穴をふさぐことが先決で、そのためには、腸内細菌を増やすことです。

とくに大事なのは、人の腸内細菌叢《そう》＊の組成が築かれる生後10カ月以内の時期です。その後の腸内細菌叢の組成は、一生を通して大きく変動しません。

つまり、生後10カ月の間に、多種多様な細菌を腸に送り、豊かな腸内細菌叢を育んでおくと、丈夫な腸粘膜の基礎を築くことができるのです。

早い離乳、抗生物質、添加物は要注意

また、あまりに早く離乳食を始めるのもよくありません。誕生間もない赤ちゃんの腸免疫は未発達で、リーキーガットの状態にあるため、アレルゲンが侵入しやすいのです。

最近は、おとなの食物アレルギーも増えてきました。理由は、抗生物質や食品添加物、化学物質など、腸内細菌や腸粘膜を痛めつけるような物質が、頻繁に腸に入るようになったからです。

コラム

健康と美容、仕事、スポーツにもおすすめグルテンフリーの食生活

エリカ・アンギャルさんの体験
（元ミスユニバース・ジャパン公式栄養コンサルタント）

エリカ・アンギャル著
（ポプラ社）

■美容と健康のプロがいち押し　グルテンフリー

テレビや雑誌などで活躍するエリカ・アンギャルさん。「心身共に健康になる」と、グルテンを抜いた食事法を普及しています。

「グルテンは小腸にダメージを与え、栄養が吸収できなくなり、肥満や肌の老化、慢性疲労、下痢、便秘、集中力・体力の低下、重い月経前症候群、生理不順、不妊症、ぜんそく、口内炎、偏頭痛など、さまざまな症状を起こすのです」

『食べもの通信』（2014年5月号）のインタビュー欄に登場したさいも、「グルテンは中毒性が強く、とくに小麦製品に含まれるでんぷん質は血糖値を上昇させ、インスリンの分泌を急激に増やします。日本でも今後、問題になると思います」と話しています。栄養バランスが良く、旬の食材を大事にする和食の魅力を語り、反響を呼びました。

エリカ・アンギャルさん：オーストラリア・シドニー生まれ。健康科学学士。2004年から8年間、ミス・ユニバース・ジャパン公式栄養コンサルタントとして、知花くらら（06年世界2位）、森理世（07年世界1位）をはじめ、世界一の美女を目指すファイナリストたちに「美しくなる食生活」を指南。

■体質が改善され、肌につや

20年ほど前、病院で腎臓の自己免疫病と診断されたエリカさん。「慢性疲労と腰痛がひどく、顔色も悪かった」といいます。そこで、グルテンフリーの食生活を始めると、症状は徐々に改善し、腎臓も正常に戻っていきました。

「肌につやとはりが出て、健康的できれいな肌になりました。体質が改善されて、体調不良に悩まされることもなくなり、さらに、朝の目覚めもすっきり。エネルギーがわいてきて、毎日楽しく過ごせるようになりました」

■欧米では健康的なライフスタイルとして定着

ヨーロッパのスーパーでは大きなスペースに、グルテンフリーのシリアルやパン、クラッカー、お菓子作りに使う粉などを売るコーナーが設けられているほか、アメリカではドミノピザ（宅配ピザ）やサブウェイ（ファストフード店）でも、グルテンフリーの生地やパンが選択できることを宣伝しています。

「欧米ではグルテンフリーが健康的なライフスタイルとして定着し、ブームになっています」。健康と美容に効果的で、ダイエットしたい人だけでなく、仕事や勉強、スポーツで力を発揮したい人、男性にもおすすめです。

（編集部＝佐々木悦子）

5

日本も小麦アレルギーが増加 背景にパンやパスタの摂取増

国立病院機構高知病院臨床研究部・アレルギー研究室室長　小倉由紀子

プロフィール｜小倉由紀子（おぐら ゆきこ）：1976年岡山大学医学部卒業、岡山大学医学部小児科、高知医科大学小児科、国立療養所東高知病院小児科勤務などを経て、2000年より現職。日本小児科学会専門医・日本アレルギー学会認定指導医。国立病院機構高知病院（Tel:088-844-3111）

3大食物アレルゲン　大豆から小麦に

日本では、1980年代から食物アレルギーが増加してきましたが、当初、子どもの3大食物アレルゲンと言えば、卵、牛乳、大豆でした。

その後、小麦での即時型アレルギー（じんましんや運動誘発アナフィラキシー＊1など）が増加しました。

さらに11年、加水分解小麦入りの石けん（茶のしずく石けん）や化粧品での小麦アレルギーが社会問題になり、現在の3大食物アレルゲンは卵、牛乳、小麦と認識されています（図❶参照）。

私たちは80年代から、アトピー性皮膚炎の原因食物抗原診断のために、覆面型食物アレルギー＊2の概念に基づく食物負荷試験を行っています。

＊1　きわめて短い時間のうちに全身にアレルギー症状が出る反応
＊2　食べてすぐ反応が出るのではなく、いつも食べていて症状に気づきにくいアレルギー

07年４月から09年３月までの２年間に、当院のアレルギー外来でアトピー性皮膚炎の原因抗原診断を希望した患者に、食物アレルギーの診断を試みました。環境整備と推定食物アレルゲンの完全除去を行い、薬剤使用はせず、症状が軽快した後、除去していた食物を摂取して症状の出現を観察する経口負荷試験を行ったところ、５４５例のうち４８１例（88・３％）で１種以上のアレルギー反応が出ました。

５４５例中の食物アレルゲンの種類別の頻度は、鶏卵80・６％、牛乳50・６％、大豆23・５％、小麦20・４％、米５・９％でした。

11年前と比較（図❷参照）すると、小麦アレルギーの頻度はほぼ変わらないものの大豆アレルギーが減少し、相対的に小麦アレルギーが増加したと考えられます。

図❶ 全年齢における即時型アレルギーの原因物質
小麦は第3位

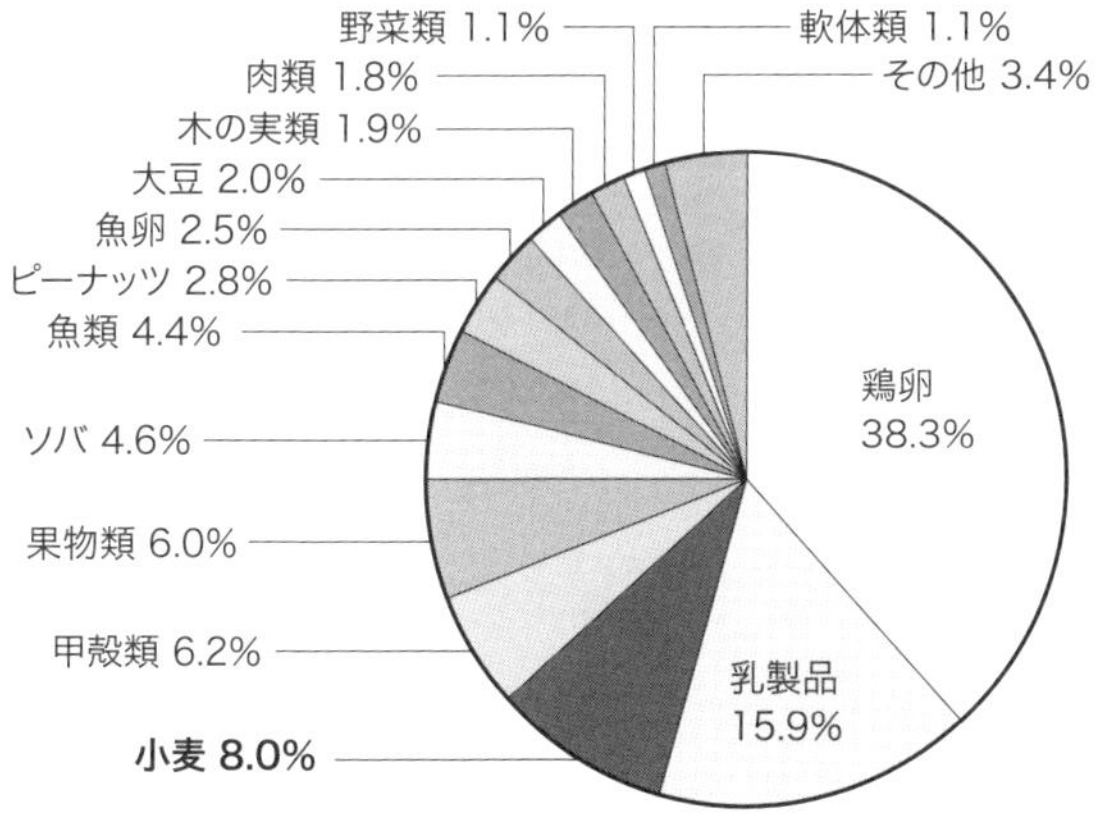

（2002・2005年度　厚生労働科学研究報告より）

化粧品や石けんが食物アレルギーを誘発

10代の学童から20代の男性に多い食物依存性運動誘発アナフィラキシーの原因の1位は小麦で、62%を占めています。食物依存性運動誘発アナフィラキシーの頻度は0・1%以下と低いのですが、食物摂取のみでは症状を起こさず、摂取後の運動で全身じんましん、呼吸困難などの重篤なアレルギー症状を引き起こすため、注意が必要です。

06年、フランスで加水分解小麦を含む化粧品による接触皮膚炎を起こした患者が、加水分解小麦を使用した食品を食べてアレルギー症状を起こしたことが報告されています。

日本では、「茶のしずく石けん」が含有する加水分解小麦「グルパール19S」によってアレルギーを発症した患者が、小麦製品を食べて重篤なアナフィラキシー症

図❷ アトピー性皮膚炎における食物アレルギーの頻度（11年前との比較）

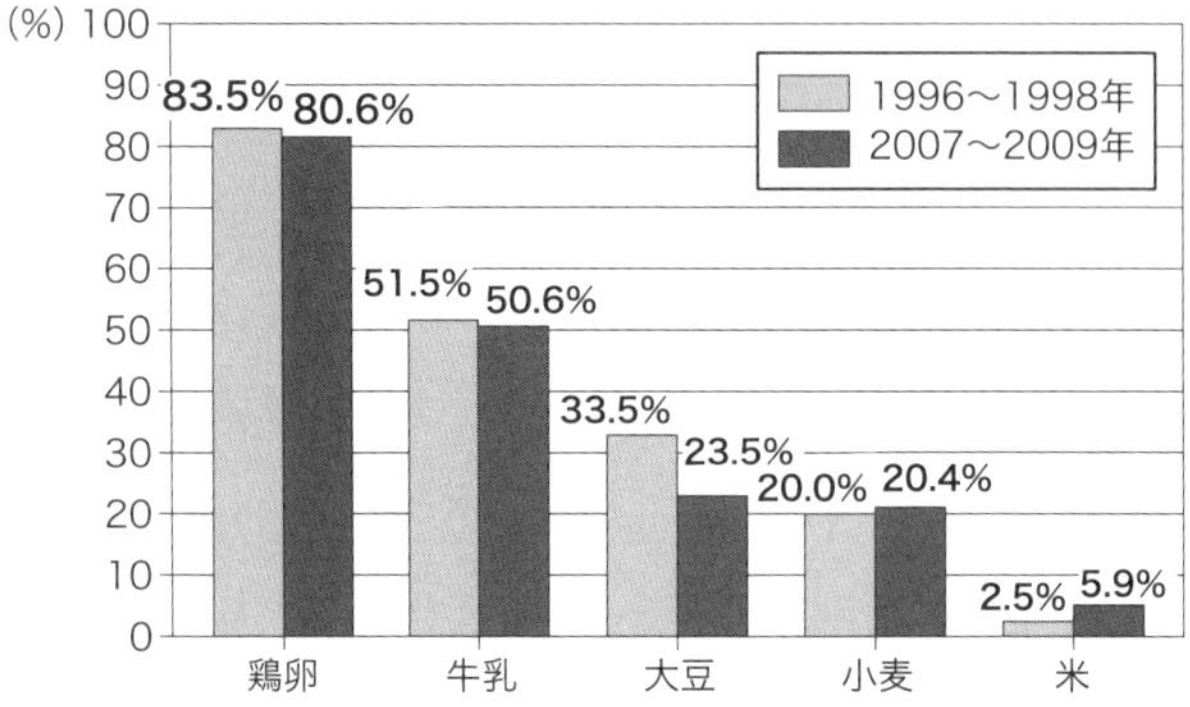

（国立高知病院）

状を起こした事例が相次いで報告されました。

11年に茶のしずく石けんは回収されるに至りましたが、回収が遅れたため、現在までに２１００人以上の患者が登録されています。これまでアレルギーとは無縁だった人が、小麦を食べて突然アナフィラキシーを発症したことは、社会に大きな衝撃を与えました。

耐性を獲得しやすい大豆　獲得しにくい小麦

当科では、10年から、毎年、国立病院機構食物アレルギー患者調査政策医療ネットワークに参加し、食物アレルギーで通院している患者の登録を行っています。

11年の食物アレルギー登録患者３６８人の除去継続食物は、卵３２２人(87・５%)、牛乳１６１人(43・８%)、小麦69人(18・８%)、大豆55人(14・９%)、魚介類29人(７・９%)、ナッツ４人(１・１%)、米３人(０・８%)でした(図❸参照)。

図❸ 小麦は登録患者の除去食品中、第3位

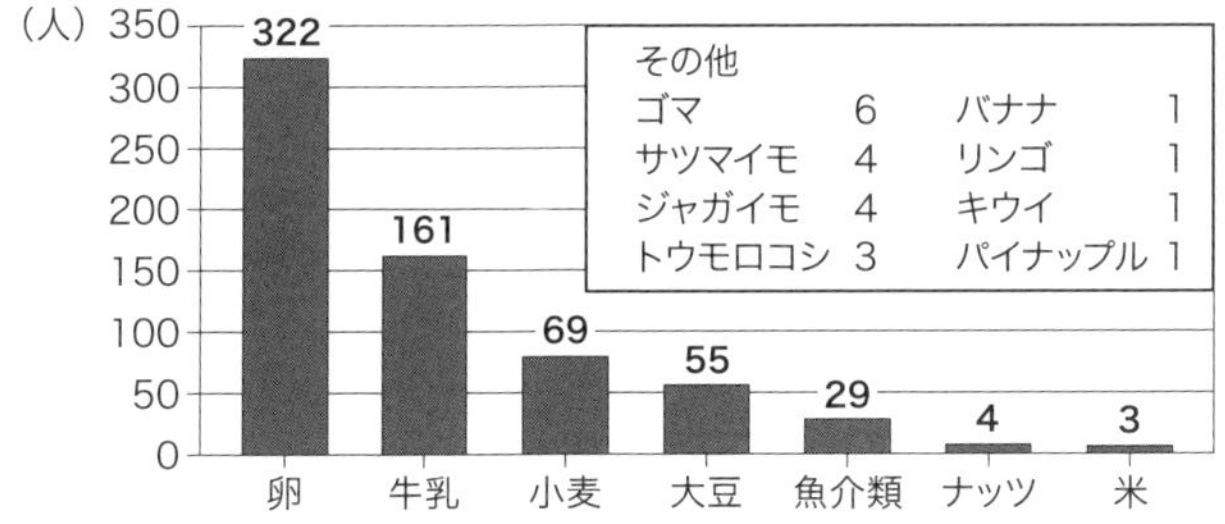

食物アレルギー登録患者368人の継続中除去食物
(2011年度政策医療ネット)

ここでも3位は小麦です。全例がアトピー性皮膚炎の患者でした。以前の3位は大豆でしたので、大豆は耐性を獲得しやすく、小麦は耐性の獲得が遅れることを示していると考えられます。

農薬の残留も小麦アレルギーに拍車

大麦、ライ麦は、小麦と共通抗原性が高く、大麦を含むみそ、しょうゆ、麦茶まで完全に除去しなければ、小麦アレルギーによるアトピー性皮膚炎は完治しません。

しょうゆ、みそは、発酵によって抗原性が消失しているので、小麦アレルギーでも除去不要とされることが多いのですが、食べて即時型アレルギー症状が出なくても、覆面型食物アレルギーのアトピー性皮膚炎治療には、微量のアレルゲンでも除去が必要であることを強調したいと思います。

食生活の欧米化で、パンやパスタなどの小麦製品の摂取が増えています。小麦アレルギーの増加原因は、抗原性の強いたんぱくを多く含む小麦製品を多量に、ひんぱんに摂取することにありますが、小麦の大半が輸入品であるため、生産時および収穫後に使用される農薬の残留もアレルギーの増加に拍車をかけていると思われます。

6

世界の小麦――行き過ぎた品種改良
作られた〝ふわふわパン志向〟

市民バイオテクノロジー情報室代表　天笠啓祐

プロフィール｜天笠啓祐（あまがさ けいすけ）：1947年東京生まれ。雑誌『技術と人間』編集者を経て、現在フリー・ジャーナリスト、市民バイオテクノロジー情報室代表、法政大学講師。主な著書に『暴走するバイオテクノロジー』（金曜日）、『遺伝子組み換えとクローン技術100の疑問』（東洋経済新報社）ほか多数。

農薬前提の「緑の革命」　高収量でどこでも栽培可能

エジプトという地名は、「パンを食べる人」という意味です。そのことからもわかるように、小麦は古代から多くの人びとによって食され、有用性も安全性も確認されてきた穀物です。それに異変をもたらしたのは、第二次大戦中にメキシコで始まった高収量品種の開発でした。この品種の改良は、後に「緑の革命」と呼ばれました。

この小麦の新品種開発は、ロックフェラー財団＊1の資金を基に進められ、その後、この研究・開発機関は国際農業研究協議グループ傘下の「国際トウモロコシ・コムギ改良センター」（CIMMYT）となりました。

そのCIMMYTによって1960年代、日本の小麦農林10号（35年に日本で育成された小麦品種）とメキシコの小麦を掛け合わせて、成熟が早く、収量が多く、あらゆ

＊1　米国の大石油資本家 J・ロックフェラーによって、1913年ニューヨークに設立された民間財団。

る気候に適した品種が開発されました。そして、この品種にそれぞれの地域の品種を掛け合わせて、どんな土地にも適した品種が開発できるようになりました。

このようにして、「緑の革命」の品種が世界中を席巻し、途上国の小麦でも、この品種の遺伝子が90％以上入っていると見られています。しかし、この品種は大量の農薬や肥料を用いることが前提にあり、お金がかかる農業となり、小規模経営の農家の淘汰をもたらしたのです。

グルテンや炭水化物が多い春小麦が北米で普及

小麦は通常、秋に種子をまく冬小麦が基本です。しかし、寒い地域で春に種子をまくのに適した品種＝春小麦が開発されて、米国北部やカナダなどでも小麦栽培が進みました。

春小麦は夏の日差しを受けて育つため、日照時間は当然多くなります。その結果、グルテンや炭水化物が多い小麦に変化したといえます。「緑の革命」が春小麦を生み、春小麦が、小麦の世界を変えたのです。

このように品種改良した結果、グルテンの多い品種を作ることができるようになりました。グルテンは弾力性と粘着性をもっているため、パンのふっくら感と麺のシコシコ感が生まれます。しかも春小麦は硬質の小麦で、保存がきいて長持ちする品種でもあります。

春小麦を日本製パンに導入　山崎製パンの秘密

小麦はグルテンが多い順番に、強力粉、中力粉、薄力粉と呼ばれています。北米産春

表❶ 世界の小麦の生産・貿易量（2013年 単位：トン）

	生産量	輸出量	輸入量
世界全体 （世界の米）	7億1405万 （4億7606万）	1億6631万 （4090万）	1億5661万 （3883万）

＊小麦は米に比べて貿易量が多く、食料戦略の要の位置を占めている

図❶ 米国は小麦生産量の多くを輸出（13年 単位：トン）

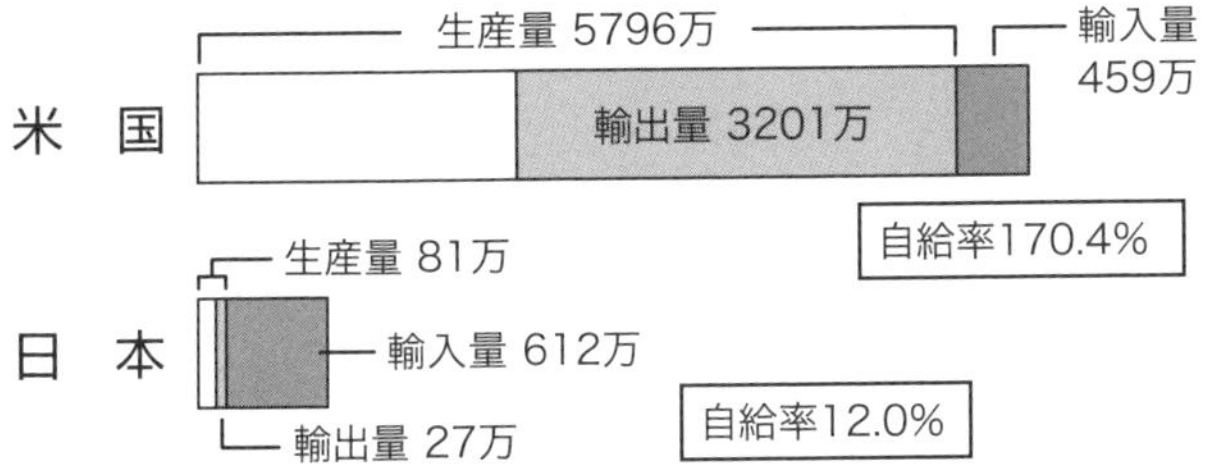

出典：表❶図❶とも九州大学大学院農学研究院　旧伊東研究室

図❷ 1960年代から急増した小麦の輸入量

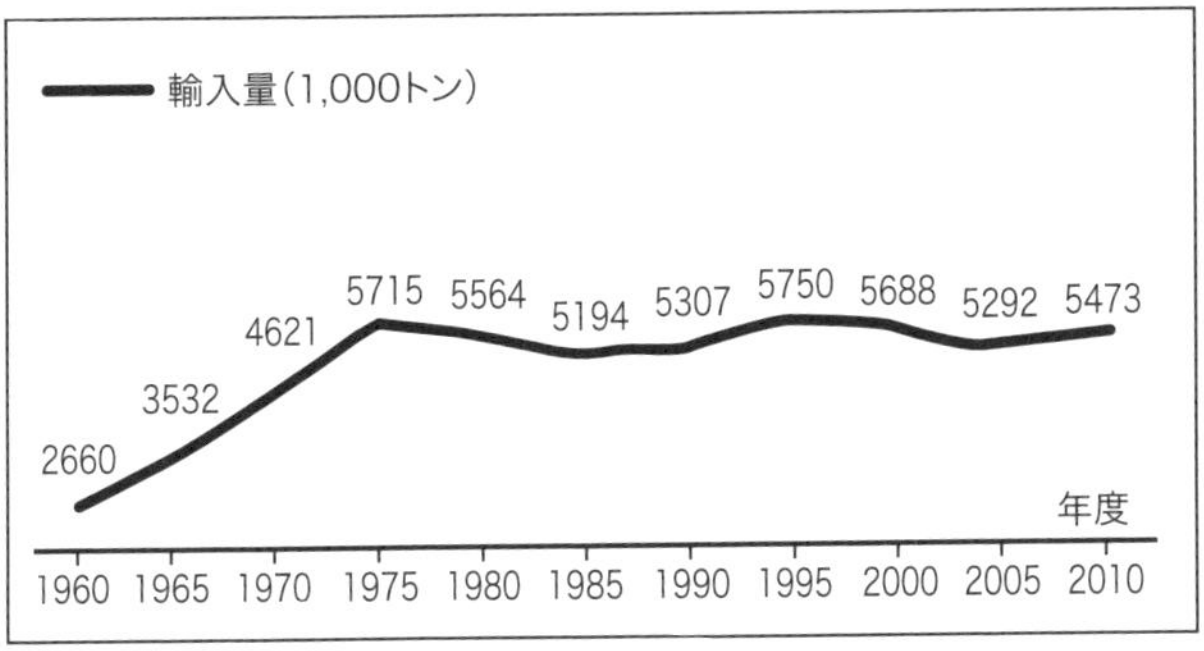

農林水産省「食糧需給表」より作成

小麦は、強力粉を作るのに最適な品種でした。この強力粉を食パンに取り入れたのが、日本の製パン業界でした（図②、表②）。

とくに山崎製パンは、弾力のある白い、日持ちのする食パンを日本の食パンのスタンダードにしました。そのため、日本は食パン用小麦を北米に依存する体質になってしまったのです。

一方、フランスでは、グルテンの含有量の低い軟質小麦からフランスパンが作られるため、ふっくらとしない、空洞の多いパンになります。日持ちも悪く、早く食べなければならないため、製パン企業は育たず、町のパン屋さんを増やしました。

日本も、フランスパンのようなパンを食パンのスタンダードにしていれば、今のように輸入春小麦や大企業に依存しなくて済んだのです。

進むＧＭ小麦の開発　さらなる悪影響は必至

「緑の革命」から始まった新品種開発、とくに春小麦の開発が、多国籍企業の種子支配をもたらしました。

企業の種子支配の強力な武器になっているのが、特許などの知的所有権です。他の企業の参入を防ぎ、種子を独占できるからです。今、その中心に位置しているのが、遺伝子組み換え（ＧＭ）による品種の開発です。

表❷ 小麦の種類と主な用途

小麦粉の種類	たんぱく質含有量	主な用途
強力粉	11.5〜13.0%	パン
準強力粉	10.5〜12.5%	中華麺、ギョーザの皮
中力粉	7.5〜10.5%	うどん、即席麺、ビスケット
薄力粉	6.5〜9.0%	カステラ、ケーキ、天ぷら粉、ビスケット
デュラム・セモリナ	11.0〜14.0%	マカロニ、スパゲッティ

出典：農水省「作物統計」「食料需給表」

GM小麦の開発は、トウモロコシや大豆、稲などに比べて、これまであまり進んできませんでした。小麦は染色体の数が多く、ゲノムサイズ(遺伝子の大きさ)が稲の40倍もあり、遺伝子組み換えが難しかったことが原因です。

最初に開発されたのが、モンサント社＊2による除草剤耐性小麦でした。しかし、この小麦をめぐっては、生産国である米国とカナダの生産者や消費者が反対の声を上げ、最大の輸出先である日本や韓国などアジアの消費者も強く反対したため、モンサント社は各国政府に提出していた栽培申請を取り下げた経緯があります。

その後、米国、豪州、英国で、相次いでGM小麦の開発が進められ、試験栽培が広がっています。

そのなかで、もっとも商品化が早いと見られているのが「干ばつ耐性」品種です。GM小麦の最大の推進役は、やはりモンサント社で、現在、試験栽培を進めています。GM品種がもたらす悪影響は、「緑の革命」の品種の比ではないと考えられます。

＊2　もともとは石油化学や農薬の会社で現在、GM種子の世界シェア90%以上を占める。

7

国産小麦　生産量2倍を目標に品種改良と栽培拡大に努力

農研機構作物研究所 麦研究領域長
小田俊介

プロフィール｜小田俊介（おだしゅんすけ）：1960年三重生まれ。1983年東京大学農学部卒業、農林水産省農業研究センター、農業生物資源研究所、国際農林水産業研究センター、九州沖縄農業研究センターなどを経て、2011年より現職。一貫して小麦の育種研究に従事。

食料自給率50%を目標　パン・中華麺を増産

農林水産省は、食料自給率（供給熱量ベース）を２０２０年度で50%に引き上げるという「食料・農業・農村基本計画」を策定しています。この目標を達成するために、国産小麦では08年度の88万トンから１８０万トンに増産することを明記しています。

この国産小麦の増産を達成するための方策を考える場合、まず小麦の用途別の自給率を考慮することが重要です。小麦全体の自給率は約12%（13年産）ですが、用途ごとに大きな違いがあります。

日本麺用（うどんやそうめんなど）では国産が60%に近い一方、パン用や日本麺以外の麺用（中華麺、即席麺など）、菓子用では、国産は低い値になっています。したがって、国産小麦の増産には、これら自給率の低い用途に適した小麦品種を開発し、栽培面積を増やすことが必要です。

ここでは、近年育成されたパン・中華麺用の小麦品種を四つ紹介します。

性質の弱点改善によって製パン用に適した小麦も

小麦粉は、主に薄力粉、中力粉、強力粉に区分されます。

薄力粉は菓子、中力粉は日本麺、強力粉はパン・中華麺用とそれぞれ適した用途があります。

超強力＝ゆめちから

超強力小麦粉は、パン用の強力粉よりさらに生地が強い特異的な性質のため、これまで国内では注目されてきませんでしたが、日本麺用の中力粉にブレンドすることで、その性質が改善され、輸入小麦銘柄でもっとも製パン用に適した品種と遜色《そんしょく》ないことがわかってきました。

たとえば、08年に育成された「ゆめちから」は、超強力の特性があり、中力小麦粉「ホクシン」などとブレンドすることにより、優れた製パン適性を示します。

「ゆめちから」は同年に北海道優良品種に採用され、栽培面積も順調に広がりつつあり、製品販売も拡大しています。

■小麦用途別の自給率――パン・菓子は低い（09年）

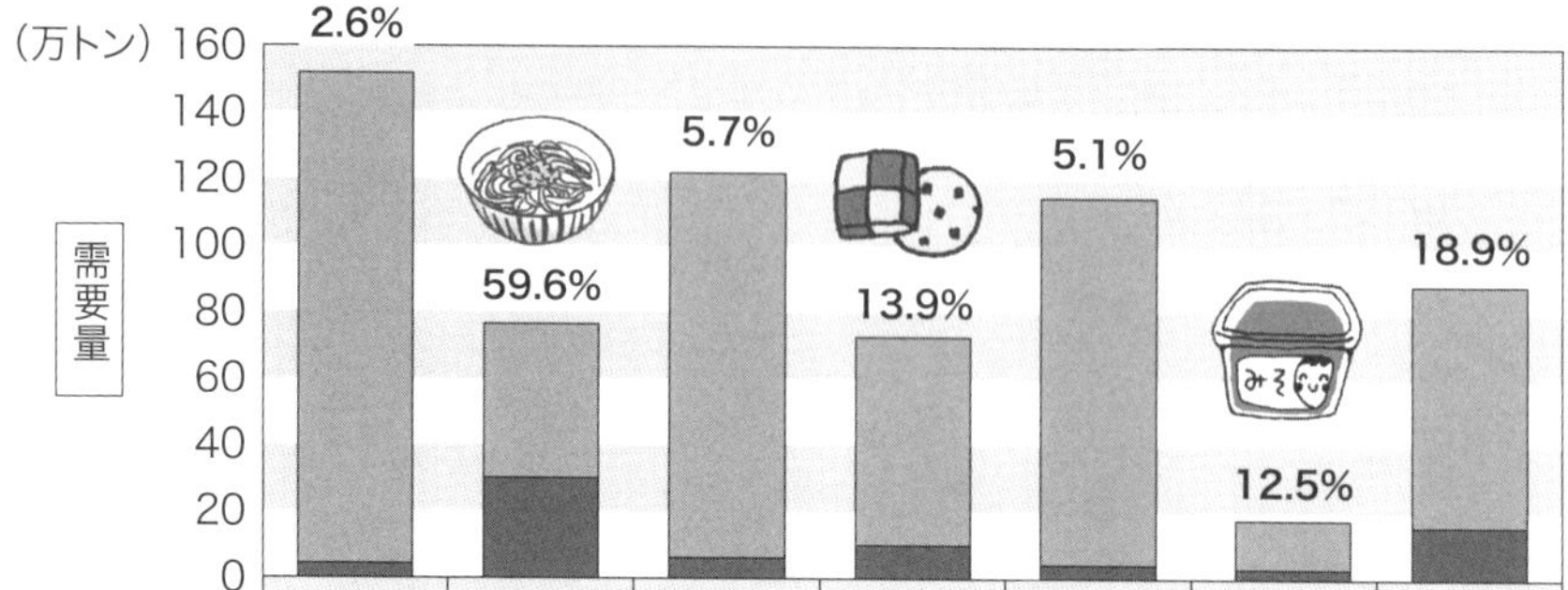

	パン用	日本麺用	その他麺用	菓子用	家庭用などその他	みそ、しょうゆ用	飼料用及び工業用など
輸入	148	23	115	62	111	14	73
国産	4	34	7	10	6	2	7

（農水省）

北海道地域＝つるきち

北海道で栽培されている硬質小麦の多くは春播《はるま》き小麦ですが、生育期間が短いために秋播《あきま》き小麦に比べて収量が低く、加えて穂発芽（収穫前の穂から芽が出てしまう現象）や赤かび病の被害により、収量が安定しないことが問題になっています。

12年に育成された「つるきち」は、穂発芽の弊害が改善されています。また、北海道産小麦のなかで高い評価を受けている「キタノカオリ」と同程度に、中華麺用の適性をもっています。

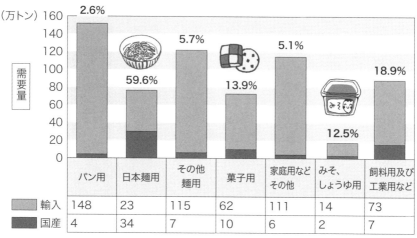

東北地域＝銀河のちから

東北ではパンや中華麺用の小麦品種として、「ナンブコムギ」や「ゆきちから」が栽培されていますが、両品種とも生地の強さが不足しています。

また、「ナンブコムギ」は、土壌伝染性ウイルス病のコムギ縞萎縮病《しまいしゅく》により収量が低下することが多く、「ゆきちから」は、穂発芽耐性が不十分なため、収穫期の長雨で品質が劣化しやすい欠点があります。

11年に育成された「銀河のちから」は、これらの欠点が改善された強靭《きょうじん》な性質の超強力小麦です。用途はパン・中華麺用およびブレンド用で、岩手と秋田の両県で有望視されています。

温暖地＝せときらら

温暖地ではパン用小麦品種「ニシノカオリ」「ミナミノカオリ」などが栽培されていますが、「ニシノカオリ」はパン用の輸入小麦銘柄に比べて製パン性が劣り、また日本麺用の品種に比べて、収量が低いことが問題です。

「ミナミノカオリ」は、製パン性は向上しましたが、輸入小麦銘柄には及びません。また、栽培上では赤かび病や穂発芽耐性が弱いという問題があります。

12年に育成された「せときらら」は、母体となった日本麺用小麦品種「ふくほのか」と同等に優れており、製パン適性も「ミナミノカオリ」より優れています。山口県で奨励品種に採用されています。

ここで紹介した四つの品種以外にも、長野県などでパン用に栽培されている「ゆめかおり」、長崎ちゃんぽん向け「長崎W2号」、福岡県の博多ラーメン用「ちくしW2号」など、パン・中華麺用の品種が育成、栽培されています。

現在、栽培されているパン・中華麺用の品種は、製パン性や栽培特性に関して、改善の余地がまだあります。

そのため、試験研究機関は、さらなる品種改良を行って、高品質な小麦を得るための栽培法や加工方法の研究を現在も続けています。

コラム

キタカミコムギは国産薄力粉
東北地方の主力品種

青森県西津軽地方は、長雨はなく、小麦作りに適した地域です。

小麦生産量の半分を占めるキタカミコムギは、風味が豊かで、味わい深い薄力粉です。1959年に東北農業試験場で生まれ、ナンブコムギとともに東北地方の主力品種で、たんぱく含有量が少なく（軟らかいグルテン形成となるため）、薄力粉用としてお菓子や天ぷらに適しています。

生産者の野呂潔さんは、40年前から無農薬で栽培し、約15年前からは、減農薬で小麦を作り続けていますが、高温多湿のなかで育てることは非常に難しいようです。ここ2～3年は干ばつに悩まされています。近年は、小麦畑の半分しか育たない年もあり、小麦栽培の今後を心配しています。

国産小麦の魅力をどう伝えていくかが課題と感じられました。

（そよ風クリニック 管理栄養士　乳井美和子）

8

学校給食には国産小麦を！
パンや麺に使用　各地で広まる

家栄研編集委員会

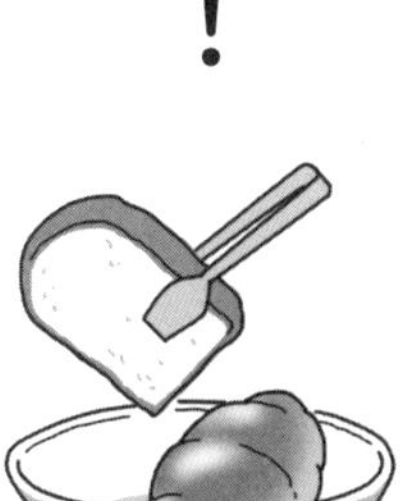

給食パンから農薬検出、〝安全な国産小麦を〟の運動

学校給食用に安全な国産小麦を使用する動きが、全国的に広がっています。

千葉県の学校給食パンは、２０１１年から１００％国産小麦です。10年前、千葉県食文化研究会が県内12市町の学校給食パンの検査を、農民連食品分析センターに依頼。表のように、発がん性や環境ホルモン作用のあるマラチオンやクロルピリホスメチルなどが検出されました。輸出のさいに使用される、ポストハーベスト殺虫剤です。

同研究会は、この結果をもって県教育委員会と交渉。翌年から県は国産小麦の3割使用を始めました。すると、含有マラチオンが０・０１ｐｐｍから０・００６ｐｐｍに低下したのです。その後、10年に及ぶ運動によって、１００％国産小麦の給食パンを実現させました。

■パンから有機リン殺虫剤検出　単位：ppm

品　名	地域・販売者名	マラチオン	クロルピリホスメチル
学校給食パン	千葉県船橋市	0.01	0.012
3割国産小麦パン	千葉県船橋市	0.006	0.014
学校給食パン	千葉県銚子市	0.003	0.005
さきたまロール	埼玉県	ND（不検出）	ND
食パン	山崎製パン	――（データなし）	0.014
食パン	敷島製パン	――	0.029
ハンバーガー	マクドナルド	0.026	――
昭和てんぷら粉	昭和産業	――	0.12

農民連食品分析センターの検査結果より抜粋（2001年）

国産小麦や地元産の米粉の普及が進む

埼玉県では関係者らが6年にわたり運動した結果、00年度から100％県産小麦のパン「さきたまロール」などが、県内約65万人の小・中・養護学校生に提供されています。

国産小麦の最大の産地である北海道では、99年から道産小麦50％使用の学校給食パンを開始。08年からは、100％道産小麦粉を使用したパンを「北海道標準規格パン」として132市町村の公立学校に供給。

青森県の学校給食は、02年から県産小麦を使用したパンを出し、11年度からは、青森県産小麦「ゆきちから」と米粉を50%ずつブレンドした米粉パンになっています。

秋田県では、02年度から県産小麦１００％に加え、県産の白神《しらかみ》酵母を４％使用した「森のパン」を、全市町村の公立小学校などの給食で使用。

愛知県も、02年度から一部のパンに県産小麦（農林61号）を10％使用し、08年からは愛知県産小麦１００％の「ツイストロールパン」を供給しています。

また、国産小麦を10～30％使用したパンを提供する府県や、麺などにも使って小麦全体を国産に切り替える都道府県が多数になるなど、「子どもたちの給食には安全・安心な国産小麦を」の動きが拡大しています。

このほか、米粉のパンを学校給食で取り入れる自治体が全国に広がっています。とくに米どころの東北・関東・信越地域では、地元産の米を使ったパンが増えています。米粉の割合は、１００％から50％程度まで地域によって異なりますが、１００％米粉使用でも、ふくらみを補うために小麦グルテンを加えている地域が多いようです。使用回数も、年1回から毎月1、2回程度などまちまちですが、長野県木島平村では、２０００年から地元産の米粉１００％のパンを毎週平均１・５回出しています。

小麦アレルギーの子どもが増えているので、米飯給食の拡大とグルテンを使用しない米粉１００％のパンや麺の使用が増えることが期待されます。

![9]

日本の風土に合った主食を子どもはご飯食で育てよう

家栄研編集委員会

アメリカの小麦戦略で変えられた日本人の嗜好《しこう》

今、小麦粉を使った製品は、パン類、洋菓子、和菓子、菓子類、うどんなどの和麺、中華麺、パスタ、シチューやカレーのルウ、てんぷら粉、パン粉、お好み焼きの粉、ギョーザの皮、総菜等々、多種に及んでいます。これほど多くの小麦製品を食べるようになったのは、この数十年のことです。

日本は戦後、アメリカの小麦戦略のなかで、学校給食などを通してパン食が推奨され、即席麺も小麦粉や小麦製品の普及に拍車をかけました。

その結果、日本人の主食は米から徐々に離れ、パン類、麺、パスタにシフトしてきました。アメリカの戦略は、日本人の食習慣や嗜好を「見事に」変えたのです。

日本人が食べてきた地粉国産小麦・生産者に応援を

日本は、小麦消費量の87％を輸入に頼っています。しかし、輸入小麦は前述したように、ポストハーベスト農薬、品種改良、遺伝子組み換えなど問題が山積しています。

一方、日本でもパンに適した品種改良に力を入れていますが、アメリカの改良小麦の例に照らせば安全性の面で、その方向性には慎重でなければなりません。

政府は、小麦の自給率向上を掲げています。しかし、日本人がうどんやすいとん、おやきなどで昔から食べてきた地粉*1は、近年多発する大雨によって栽培が困難な状況です。さらに、ＴＰＰが発

＊1　関東以西では、畑作の裏作として秋に小麦をまき、春に収穫する中力粉（たんぱく質が９％前後）を地粉と呼ぶ。

コラム

グルテンフリーで見直される米粉、米粉製品

小麦アレルギーの場合、国産の小麦でもアレルギーを起こす人が多いようです。

米粉の製粉技術の進歩によって、米粉のパンやめんなどが増えています（ただし、米粉パンには小麦のグルテンが使用されている場合が多いので、表示の確認を）。米粉100％でグルテン不使用のパンや米粉と水だけのめんもあり、小麦アレルギーの方でも安心です。また、家庭用の米粉も市販されていて、以前より選択肢が広がっています

米粉製品では、中国料理のビーフン、ベトナムの麺「フォー」や「生春巻きの皮」などもあり、日本でも入手しやすくなっています。グルテンフリーの面から、改めて米粉製品を見直したいものです。

効されれば、自給率をいっそう下げることが明白です。

政府は、生産者が安心して小麦を作り続けられるように、国産小麦の買い上げ価格引き上げなどの対策をとることが急務です。消費者も、健全な食料の確保への理解を深めて、国産小麦を応援することが大切です。

身土不二《しんどふじ》＊2、地産地消の視点で見ると、パン用の強力粉は元来、日本より緯度の高い冷涼な地域で栽培され、食べられてきました。高温多湿の環境で暮らす日本人の体質は、米に比べて小麦粉の適合性は低いと考えられます。

とくに、血糖値を上げやすい小麦製品に比べ、米は粒状なので消化吸収に時間がかかり、血糖値をゆっくり上げて安定させる良さがあるのです。ご飯と一汁三菜の和食はバランスが良く、世界から健康長寿の食事として注目されています。少なくとも米を中心に位置づけて、地粉は適宜活用した食生活でありたいものです。

白澤卓二教授の報告（12〜21ページ）は、この50年間に急速に増えた小麦の利用が健康に及ぼす影響を指摘しています。とくに、小麦アレルギーや高血糖、脳に関連した多様な影響を示唆しており、「子どもを小麦好きにしてはいけない」との警告（21ページ）を重く受け止めたいと思います。

＊2　その土地でその季節にとれたものを食べるのが健康に良いという考え方。

■執筆者一覧（掲載順）
ディロルフ幸子／崎谷博征／藤田紘一郎／小倉由紀子／天笠啓祐／小田俊介／家庭栄養研究会編集委員会（担当：高岡日出子、野口節子、松永眞理子、矢吹紀人）
■監修：白澤卓二

■家庭栄養研究会の紹介

家庭栄養研究会は、食の安全と日本の伝統的食文化に根ざした健康的な生活の実現をめざして、1969年に発足しました。「心と体と社会の健康」を高める食生活の提言を会活動の指針にして、家庭の食や健康問題、食の安全、食糧生産、環境や平和の問題まで、会員・読者・生産者と交流を重ねながら研究・学習・政策提言活動を行なっています。

会が編集する月刊『食べもの通信』は、1970年創刊。消費者、生産者、研究者などに最新の食情報を提供する雑誌として評価されています。

●学習会開催　●各地で読者交流会開催　●講師の派遣紹介
●ご入会、編集プロジェクトチームへの参加などお問合せは下記へ。
ホームページをご覧ください。 検索 食べもの通信
〒101-0051東京都千代田区神田神保町1-44
TEL03-3518-0624　FAX03-3518-0622
メール：tabemono@trust.ocn.ne.jp

小麦で起きる現代病
“パン好きな人”気をつけて!

2015年12月25日 第1刷発行
2016年 9月30日 第4刷発行

監　修　白澤卓二
編　者　家庭栄養研究会
発行者　千賀ひろみ
発行所　株式会社食べもの通信社
　郵便番号 101-0051
　東京都千代田区神田神保町1-44
　電話 03(3518)0621／FAX 03(3518)0622
　振替 00190-0-88386
　ホームページ http://www.tabemonotuushin.co.jp/
発売元　合同出版株式会社
　郵便番号 101-0051
　東京都千代田区神田神保町1-44
印刷・製本　新灯印刷株式会社

■刊行図書リストを無料進呈いたします。
■落丁・乱丁の際はお取り換えいたします。

ISBN 978-4-7726-7703-5 NDC 596 210×148